LA VÉRITÉ

AU SALON DE 1812,

OU

CRITIQUE IMPARTIALE

DES TABLEAUX ET SCULPTURES;

PAR UNE SOCIÉTÉ D'ARTISTES.

A PARIS,

Chez Chassaignan, Libraire, rue Mâcon, N°. 18;

ET

A l'Entrepôt de Librairie, tenu par J. M. Davi et Locard, rue Neuve-de-Seine, au coin de celle des Boucheries, faubourg Saint-Germain.

1812.

LA VÉRITÉ

AU SALON DE 1812.

PEINTURE.

N°. 9, par M. Ansiaux.

L'Assomption de la Vierge.

Il rappelle l'ancienne école française ; c'est une grande toile exécutée comme devrait l'être un tableau de chevalet. Dessin petit et incorrect. Cependant les amateurs bourgeois trouveront ce tableau *joli*, étant une miniature en grand.

N°. 12, par M. Armand.

Saint Jean prêchant dans le désert.

Vox clamantis in deserto : au-dessous de la critique.

N°. 17, par M. Augustin.

Plusieurs miniatures et un portrait en émail, de M. Denon.

Cet émail, annoncé en 1810, ne fut pas exposé, par une indisposition qui empêcha l'auteur de le terminer.

Ici, M. Augustin nous paroît être au-dessous de lui-même.

N°. 22, par Mad^{me}. Auzou.

S. M. l'Impératrice, avant son mariage, et au moment de quitter sa famille, distribue les diamans de sa mère aux archiducs et archiduchesses ses frères et sœurs. La scène se passe dans la chambre à coucher de S. M., à Vienne.

Faible. Exécution mesquine.

N°. 43, par Mad^{me}. Benoit.

Portrait en pied de S. M. l'Impératrice et Reine.

Portrait mal dessiné et sans couleur.

N°. 62, par M. Berthault.

Vues prises à Chantilly, dans l'intérieur de la fabrique de M. Richard, même numéro.

Assez bonne étude, mais peu faite.

N°. 64, par M. Berthon.

La redoute de Monte-Lesino, près Montenotte.

Le général Rampon, chargé de la défense de ce poste important, reçoit des soldats le serment de le défendre contre toutes les forces réunies de l'armée austro-sarde, et de périr jusqu'au dernier plutôt que de capituler.

Bonne exécution, mais dure. Couleur crue et âcre.

N°. 68, par M. Bertin.

Arrivée de S. M. l'Empereur à Etlingen, où elle est reçue par le Prince de Bade.

Tableau soi-disant de M. Bertin, et dont il n'a fait que le paysage ; cette partie ne vaut pas la peine que l'on en parle. Les figures sont les mieux de tou-

tes celles faites dans la série des tableaux batards
exécutés pour Trianon.

Les tableaux de M. Bertin, partant des numéros
69 à 73, sont moins mal.

N°. 80, par M. Bidauld (J.).

Paysage.

Un berger assis tient une double flûte, une chasseresse
cherche à le voir sans être apperçue.

M. Bidauld est le David du paysage. On ne peut
qu'admirer.

Par M. Bilcoq.

N°. 91. *Le retour des champs.*

N°. 92. *Une bergère.*

Tableaux détestables... retournez à vos cruches
et à vos chaudrons, accessoires qui vous ont fait une
réputation autrefois.

N°. 101, par M. Blondel.

Zénobie trouvée mourante sur les bords de l'Araxe.

Rhadamiste, roi d'Ibérie, chassé par les Arméniens
(dont il avoit tué le roi), fut accompagné dans sa fuite
par Zénobie, sa femme, qui supporta quelque temps les
fatigues du chemin, quoiqu'incommodée d'une grossesse ;
ses forces étant épuisées ; elle pria son époux de lui donner la mort, pour qu'elle n'éprouvât pas une honteuse
captivité : ce prince, que l'amour détournoit d'une action
si étrange, l'exhortoit à prendre courage ; enfin, voyant
qu'elle ne pouvoit avancer, et vaincu par la crainte
qu'elle ne devînt la proie de ses ennemis, il la perça d'un
coup d'épée, et la jetta dans le fleuve, pour que son corps
ne tombât pas au pouvoir de ses persécuteurs : mais les
eaux étant décrues, elle fut déposée sur le sable, ou des
pasteurs l'ayant trouvée qui respiroit encore, la rappel-

lèrent à la vie, puis la portèrent à la ville d'Araxe, d'où elle fut conduite à Tiridate, roi d'Arménie, qui la reçut et la traita selon sa qualité. Ce tableau appartient à l'auteur.

Dessin assez correct. Bon style : couleur pure mais sans lumière.

N°. 108, par M. Boilly.

L'entrée du Jardin Turc.

Tableau charmant sous tous les rapports. Je lui reprocherai cependant de faire ses têtes d'enfants et de femmes trop rouges.

N°. 111, n'a pas ces défauts.

N°. 119, par M. Bordier.

Hubert Goffin, recevant la décoration de la Légion d'honneur.

Le 22 Mars, Hubert Goffin a reçu la décoration de la Légion d'honneur à l'Hôtel-de-Ville de Liége, dès mains du Préfet du département de l'Ourthe. Cette cérémonie se passe dans une vaste salle décorée de la statue de Sa Majesté, entourée des premières Fonctionnaires du département, de l'Inspecteur des Mines et des Ingénieurs. Au bas M. le Préfet remet à Goffin la décoration, en lui montrant, d'une main, l'Empereur, et lui disant que c'est au héros qui récompense toutes les belle actions, qu'il doit cet honneur. Goffin la reçoit avec modestie. Son fils Mathieu, qui a partagé son dévouement, est décoré de la médaille d'or que lui a envoyée S. A. S. le grand duc de Francfort. A ses pieds, sont des petits enfans qui lui doivent leur salut ou celui de leurs pères. Un d'entre eux est en costume de Houilleur. Les deux enfans ayant des Médailles en sautoir, sont les jeunes Thonus qui, un an avant, ont sauvé la vie à leur père et celle de quarante mineurs, en exposant la leur, au moment ou, au fond d'une mine, ils alloient devenir victimes d'une explosion. Derrière eux, des houilleurs et des femmes expriment leur reconnaissance. L'épouse de Goffin, assise dans une place d'honneur, verse des larmes de joie, en voyant le triomphe de son époux. Le tableau a été fait sur les lieux, et tous les personnages ont été peints d'après nature.

Tableau bas, d'un mauvais style, et d'une couleur détestable. Il n'a d'autre mérite que de nous retracer les portraits de personnages intéressants sous tous les rapports.

N°. 120, par M. Bosselman.

Créon.

Il dédaigne les conseils du devin, qui lui prédit que s'il persiste à condamner Antigone à la mort, tous les maux du ciel tomberont sur ses états et sur lui.

Ah! quel choix pour un artiste! passons vite cette croûte détestable!

N°. 126, par M. Bouhot.

Vue de la place et de la fontaine des Innocens, prise du côté de la rue Saint-Denis.

Tableau d'une bonne couleur, indiquant bien le soleil; mais d'une exécution dure et sèche.

N°. 131, par M Bourgeois (C.).

Vue du Château d'Aschaffembourg.

Le sujet est l'entrevue de S. M. l'Empereur et du prince Primat, au sortir de la ville. Les figures sont de M. Debrot.

Paysage, couleur de terre cuite et figures détestables. Ce tableau est encore du nombre de ceux qui ne devoient pas être traités par cet artiste. Tous ses dessins sont charmans.

N°. 159, par M. Bourgeois (feu Albert-Paul).

Clémence de S. M. l'Empereur envers une famille arabe.

Tableau qui supporte avec avantage quelques détails : mais il prête autant à une critique sévère qu'à des éloges mérités.

N°. 143 , par M. Bouton.

Le philosophe en méditation près des tombeaux de la Salle du XIIIe. siècle, au Musée des Petits-Augustins.

Ce tableau, vu au premier abord, séduit et entraîne. Il est cependant d'une exécution molle. Il a été conçu dans le cabinet ; sa couleur est factice, quoique son effet soit magique. La nature y a été oubliée pour ne présenter qu'une pensée originale d'une imagination qui s'est plu à enfanter une chose extraordinaire.

N°. 146, par M. Brocas.

Débarquement du ponton de la frégate l'Argonaute.

Pendant le siège de Cadix, neuf cents prisonniers échappent de cette frégate qui leur servoit de prison.

Tableau d'une bonne couleur. Dessin peu correct, pour ne pas dire mauvais.

N°. 149, par M. Budelot.

Une forêt.

Mauvaise imitation de Brueudet.

No. 153, par M. Callet.

Allégorie sur la naissance de S. M. le Roi de Rome.

Toujours le même ! couleur terreuse, style peu noble ; mais en revanche il nous donne une bordure bien maniérée et bien riche.

No. 170, Mlle. Caron (Rosalie).

Gabrielle de Vergy.

Venant de recevoir une lettre de mademoiselle de Coucy, elle est attendrie des témoignages d'amitié qu'elle contient. Livrée toute entière à sa tendresse, elle prend ses tablettes et ne peut se refuser au plaisir de relire les vers que Raoul a faits pour elle. Ensevelie dans ses pensées, elle ne s'apperçoit pas qu'elle est surprise par son mari.

Tableau médiocre, choix du sujet peu heureux, petite pensée et petite manière.

No. 175, par M. Casanova.

Banquet donné au château des Tuileries, par S. M. l'Empereur Napoléon, à l'occasion de son mariage avec S. A. I. l'Archiduchesse Marie-Louise d'Autriche, le 2 avril 1810.

A droite de l'Empereur, Madame Mère, le roi de Hollande, le roi de Westphalie, le duc de Guastalla, le roi de Naples, le vice-roi d'Italie, le grand-duc de Bade. A sa gauche l'Impé a i e Mar e Louise d'Autriche, la reine d'Espagne, la reine de Hollande, la reine de Westphalie, la grande-duchesse de Toscane, la duchesse de Guastalla, la reine de Naples, le grand-duc de Wurtzbourg, la vice-reine d'Italie et la grande-duchesse de Bade. Derrière l'Empereur est le colonel-général de sa garde, le grand-écuyer, le grand-chambellan, faisant les fonctions d'échanson. Derrière l'Impératrice est son grand-écuyer, son grand-chambellan. Les grands officiers de la Couronne sont autour de la table. De chaque côté et devant, sont le grand-maître des cérémonies et le grand-maréchal du Palais, qui ont derrière eux des préfets de service et des aides de cérémonies. Derrière les préfets de service, sont les grands dignitaires; les pages font le service de la table. Dans les loges sur le devant, sont les personnes invitées par la Cour.

Audaces fortuna juvat, timidosque repellit ! Quoi? vous avez osé présenter à l'exposition un tableau aussi mal peint que mal composé et coloré avec du plâtre !

N°. 219, par M. Colson.

Clémence de l'Empereur envers une famille arabe.

Lors de l'entrée de l'armée d'Orient dans Alexandrie, les habitants firent du haut de leurs maisons un feu très-meurtrier sur les colonnes. Les soldats indignés escaladèrent la maison de l'un d'eux qui s'étoit fait remarquer par une résistance d'ésespérée, ils l'en arrachèrent et alloient le faire périr, lorsque sa famille éplorée, appercevant l'Empereur, s'élance au-devant de lui, implore sa clémence, et obtient de S. M. que la vie lui soit conservée.

Tableau faisant concevoir de l'espérance pour la suite. Le sujet et intéressant, mais il est mal composé; les personnages sont trop entassés, et ne produisent aucun effet. Malgré tous ces défauts ce tableau a du mérite.

N°. 227, par M. Coupin.

Les amours funestes de Françoise de Rimini.

Fille de Gui de Polente, seigneur de Ravenne, elle fut unie par son père à Lancelot, fils de Mala teste, seigneur de Rimini, homme renommé par sa bravoure, mais peu favorisé de la nature. Paul, son frère, jeune homme d'une rare beauté, habitoit le même palais; séduit par les charmes de Françoise de Rimini, il conçut secrétement pour elle un violent amour que sa belle-sœur partageoit, et qu'elle s'efforçoit de tenir caché. Un jour les amants se croyant seuls, s'étoit réunis sans dessein prémédité, pour lire le roman de Lancelot du Lac, célèbre chevalier ; cette lecture les émut puissamment, leur raison s'égara.... Le mari qui les épioit, entra furieux et les tua tous deux du même coup d'épée.

Ce début donne des espérances. Ce tableau offre le travail d'une excellente école et de goût, cependant il est sec dans l'exécution. La tête de Françoise de Rimini est d'un petit caractère. Celle de son frère est lourde. Toutes deux sont exécutées avec sécheresse et sont d'une faible couleur.

Nº. 230, par M. Dabos.

S. Em. le Cardinal Maury.

Si le beau veut qu'on s'arrête, *le nec plus ultra* du mauvais le veut aussi.

Hic sta, viator.

Nº. 238, par M. Deboisfermont.

Virgile lisant son Enéide en présence d'Auguste et d'Octavie.

Auguste n'avoit point d'héritier immédiat ; toutes ses espérances étoient réunies sur le jeune Marcellus, fils d'Octavie, sa sœur ; une mort prématurée l'enleva bientôt à son amour, et Rome entière partagea sa douleur ; mais rien n'égale le touchant éloge que Virgile fit de ses vertus dans le sixième chant de son Enéide. Ce poëte immortel fut appellé auprès d'Auguste pour lire son ouvrage ; lorsqu'il fut arrivé à l'endroit ou il peint les grandes qualités de Marcellus et les regrets de sa mort avec des traits si touchants, des larmes coulèrent des yeux d'Auguste, et Octavie demeura quelque temps évanouie.

Tableau bien peint, d'une bonne couleur, mais froid.

2

N°. 241, par M. Debret.

Première distribution des décorations de l'ordre de la Légion d'honneur ; faite par Sa Majesté, dans l'église de l'hôtel impérial des Invalides.

Sa Majesté, entourée des nouveaux chevaliers des différens corps de l'Etat, daigne honorer particulièrement le courage malheureux, en attachant elle-même la croix de la Légion d'honneur à un jeune invalide manchot.

Ah ! quel tableau froid et sans énergie ! quelle couleur grêle ! quel dessin ignoble ! comment l'imagination de l'artiste n'a-t-elle pu s'échauffer ?

N°. 244, par M. Dedreux, (Dorcy).

Bajazet et le berger.

Bajazet vient de perdre son fils, tombé sous le fer de Tamerlan. Le chagrin qu'il en éprouve et le pressentiment de sa défaite prochaine, ont jetté le découragement dans son ame ; suivi de ses bataillons et de quelques chefs tremblants en sa présence.

» . . . . . Tout-à-coup d'un côteau voisin
» Il entend les accents de la flûte champêtre ;
» Il s'arrête un moment, il accourt, et soudain
» Il s'approche. Un berger, assis au pied d'un hêtre,
» Bornant à son troupeau ses soins et ses plaisirs,
» Egayoit, en chantant, ses innocents loisirs,
» Sans songer si l'Asie alloit changer de maître.
» Le monarque immobile observoit le pasteur ;
» Hélas ! l'infortuné contemploit le bonheur.

Sujet bien pensé et bien exécuté ; en général la couleur est bonne. Le berger est élégant dans ses formes, mais Bajazet est lourdement dessiné,

No. 245 , par M. Deforbin (A.)

Vue intérieure de la chapelle souterraine d'un couvent de religieuses Carmélites, de la ville d'Evora, dans le midi du Portugal.

Est-ce au soleil , est-ce au clair de la lune que ce tableau a été fait. En attendant que ces questions soient décidées , nous dirons que la couleur est trop bleuâtre , et que ce tableau est mou d'exécution,

No. 275 , par Demarne.

Un tableau d'Animaux.

Cet artiste est un de nos meilleurs peintres dans ce genre. Il est toujours ingénieux et d'une couleur charmante. On ne peut lui faire d'autre reproche que celui de trop répéter les mêmes sujets , tels que routes et canaux.

No. 309 , par M. Despois.

Trait de bienfaisance de S. M. l'Empereur.

Sa Majesté se rendoit à cheval de Wittemberg à Potzdam , ville située à quelques lieux de Berlin , lorsqu'il fût surpris par un violent orage. Ne pouvant continuer sa route , il met pied à terre dans une maison appartenant au Grand-Veneur de Saxe. A peine est-il entré, qu'il est étonné d'entendre une jeune femme l'appeler par son nom ; c'étoit la veuve d'un officier français de l'armée d'Orient , qui avoit encore présents à la mémoire les traits du jeune conquérant de l'Egypte. Depuis trois mois le Grand-Veneur de Saxe l'avoit accueillie et lui avoit procuré une existence honorable dans sa maison. Charmé de cette rencontre imprévue , l'Empereur adresse à cette veuve intéressante des paroles pleines de bonté , lui fait une pension de 1200 fr. , et lui promet de prendre soin de son fils. C'est la première fois , dit l'Empereur, que je mets pied-à-terre pour un orage. J'avois le pressentiment qu'une bonne action m'attendoit-là.

Combien l'on doit regretter qu'un sujet aussi heureux soit aussi faiblement traité !

N°. 312, par M. d'Ivri, (le baron).

Paysage représentant la lisière d'une forêt, avec terrains de sables éboulés.

Cet amateur prend à tâche, de nous montrer tous les ans un tableau d'un genre nouveau. Tantôt c'est un *Rembrant*, tantôt un *Wangoien*, c'est-à-dire qu'il ne ressemble à rien, et il n'en est pas meilleur.

N°. 318, par M. Drolling.

Un Marchand forain.

Ce tableau est un des meilleurs que cet artiste nous ait montrés. Il nous représente constamment des pauvres et des cuisinières, mais il n'en est pas moins le *Teniers* de notre siécle.

N°. 325, par M. Dubuffe.

Achille prenant sous sa protection Iphigénie, que son père Agamemnon vouloit sacrifier.

Bona mixta malis. Nous sommes dans le siécle où tout le monde veut marcher sur des échasses. Pourquoi faire de grands tableaux lorsqu'on n'a que les moyens de traiter de petits sujets.

N°. 326, par M. Duais.

Le Tasse,

Ce poëte étant parvenu à s'échapper du couvent des Franciscains à Ferrare, sans argent, sans guide, et ce-

cependant en peu de jours il se trouve sur les confins du
royaume de Naples; là, ayant chargé ses habits contre
ceux d'un pâtre, il continua son voyage jusqu'à la capi-
tale de ce royaume, ou demeuroit sa sœur Cornélia. En
entrant chez elle, il s'annonça comme un messager qui
lui apportoit des nouvelles de son frère. Sa sœur ne le
reconnut pas; elle ouvrit la lettre ou le malheureux Tor-
quato se représentoit dans la position la plus cruelle. La
tendre Cornélia, en lisant ces effrayantes nouvelles,
témoigna une si vive douleur, que le Tasse ne put sou-
tenir son déguisement, et se hâta de la consoler en se jet-
tant dans ses bras.

Joli tableau d'une excellente couleur et d'une
belle exécution. Les têtes sont sèches et rentrent
trop dans le style des portraits de famille.

Par M. Duclaux.

Nº. 321, *Une diligence.*
Nº. 332, *Un intérieur de manège.*

Ces deux tableaux sont jolis sous les rapports de
la couleur, mais bien faibles pour le dessin et l'exécution.

Nº. 345, par M. Duperreux (A. L. P.)

*Vue du Château et d'une partie de la ville de
Brescia.*

Le chevalier Bayard blessé à l'assaut de Brescia, est
porté par deux Suisses au logis d'un riche gentilhomme;
sa femme, restée seule avec ses deux filles, se jette à ses
genoux : noble Seigneur, lui dit-elle, je vous présente
cette maison et tout ce qui est dedans; elle est la votre
par le droit de la guerre, que votre plaisir soit de me
sauver l'honneur et la vie, ainsi qu'à mes deux jeunes
filles. Le bon chevalier, qui ne pensait aucune méchan-
ceté, lui répondit : Madame, je ne sais si je pourrai
échapper à la plaie que j'ai, mais tant que je vivrai, à

vous ni à vos filles ne sera fait déplaisir, non plus qu'à
ma personne, vous assurant que vous avez céans un gentilhomme qui ne vous pillera point; mais vous ferai toute
la courtoisie que je pourrais.

Les tableaux de ce Maître sont pour l'ordinaire
d'une couleur verte et monotone. Du reste il choisit
assez bien ses sites et force le spectateur à y prendre
intérêt en y attachant quelque anecdote historique;
ce qui les fait regarder tout le tems que l'on em-
ploye à en lire la description dans le catalogue
qui pour l'ordinaire est fort longue.

N°. 349, par M. Dusaulchoy (Charles).

L'Armistice de Znaim.

S. Exc. le prince de Lichtenstein en fut le négociateur.
L'instant représenté est celui où Sa Majesté, après une
longue conférence, accompagne le prince jusqu'à la porte
de sa tente, et donne ses ordres pour faire cesser les hos-
tilités sur tous les points.

Tableau qui ne laisse pas même la force de donner
un conseil à l'auteur, à moins que ce ne soit celui
de ne jamais peindre.

N°. 386, par M. Fragonard.

Scène d'Automne.

Des bergers sont rassemblés autour d'un foyer; le plus
âgé leur raconte une histoire.

On reprochoit autrefois à cet artiste d'être trop
vaporeux. Il doit prendre garde de tomber dans le
défaut opposé: malgré cela ce sont les meilleurs
dessins de l'exposition.

No. 591 , par MM. Francque (Pierre et Joseph).

Bataille de Zurich.

Le tableau représente la fin du combat. On amène au vainqueur différens chefs faits prisonniers et les drapeaux pris sur l'ennemi. Sur le devant on voit le général en chef des Autrichiens, resté la veille sur le champ de bataille, et le fils du général Suwarow, prisonnier, dont on panse les blessures.

Ce tableau a été commandé par le prince d'Esling, maréchal d'Empire, Masséna.

Ce tableau est d'une assez bonne couleur, mais d'un dessin ignoble et d'une exécution molle.

No. 409 , par M. Garnier.

Première institution de l'église de St.—Denis comme sépulture des rois. Enterrement de Dagobert.

Dagobert Ier. mourut le 17 janvier 638, âgé de près de 38 ans. Son corps fut apporté dans l'église qu'il avoit fait construire en l'honneur des martyrs Saint-Denis et ses compagnons, et dans laquelle il avoit choisi sa sépulture. Il laissoit deux fils qu'il avoit recommandés en mourant au saint prélat Arnould, évêque de Metz, et au vertueux Fya, maire du Palais. Clovis II, qui lui succéda, étoit âgé de quatre ans et déjà couronné roi de Neustrie ; Sigebert, fils naturel, âgé de dix ans, étoit aussi couronné roi d'Austrasie.

Composition assez bonne, mais quelle couleur fade ! Dessin peu correct et peu arrêté.

No. 410 , par M. Gaston.

L'Amour et Psyché.

Psyché, persuadée par ses sœurs que l'époux qui lui avoit toujours interdit sa vue n'étoit qu'un monstre hideux dont elle devoit se défaire, quitte sans bruit, au milieu de la nuit, la couche nuptiale, prend une lampe, s'arme d'un poignard, et, agitée par mille sentimens divers, avance vers son époux endormi. Mais quelle est sa surprise ! ce n'est point un monstre qu'elle va frapper, c'est l'Amour. Hors d'elle-même, le poignard lui échappe ; elle admire, et ses yeux ne peuvent abandonner tant de charmes. *Voyez le poëme de La Fontaine.*

Fiat lux ! Noir, sans clair-obscur. La lampe de Psyché ne peut lui faire voir l'Amour qui est tombé, et qui ne présente qu'une masse informe de chair molle.

No. 415, par M. Géricault.

Portrait équestre de M. D...

Bon tableau pour la couleur et l'exécution ; mais pas assez rendu. Le cheval est mal dessiné.

No. 422, par M. Goubaud.

Cérémonie qui eut lieu aussitôt après la naissance du Roi de Rome.

L'auguste enfant porté par Mad. la Gouvernante, introduit par M. le grand-maître des cérémonies, annoncé par M. le grand-chambellan, est solemnellement présenté par S. M. l'Empereur et Roi, aux reines, princes et princesses assemblés dans le salon voisin de l'appartement de S. M. l'Impératrice. M. le comte Regnault de Saint-Jean-d'Angely dresse l'acte civil de la naissance du Roi de Rome. Deux pages dépêchés, l'un au Sénat, l'autre à la Ville, partent chargés de l'heureuse et importante nouvelle.

Le sujet offre un intérêt majeur, mais ce même intérêt jette peut-être du froid sur les figures qui sont mises en scène. Elles y sont sans mouvement et mal dessinées.

Nº. 439, par M. Grobon.

Un Intérieur.

Dessin petit et mesquin. On ne peut cependant lui refuser un bon sentiment de couleur.

Nº. 444, par M. Gros.

Entrevue de LL. MM. l'Empereur des Français et l'Empereur d'Autriche en Moravie.

On a eu tort de donner ce sujet à traiter à M. Gros. Son genre de talent n'est pas propre à rendre des scènes froides et tranquilles ; aussi cet ouvrage n'est pas digne de lui.

Nº. 445, par le même.

Charles-Quint venant visiter l'église de St.-Denis, où il est reçu par François Ier. accompagné de ses fils et des premiers de sa Cour.

Tableau charmant, et au-dessus de tout ce que cet artiste a produit. Jamais il n'avoit réuni, à un si haut degré, l'éclat à l'harmonie, la vigueur et la solidité du ton à la transparence. Le seul reproche qu'on pourroit lui faire, ce seroit celui d'être traité un peu trop largement pour la grandeur du tableau ; ce qui lui donne l'apparence d'être peu soigné.

Nº. 446, par le même.

Portrait équestre de S. M. le Roi de Naples.

Je suis fâché de le dire, mais ce portrait est mauvais. La tête du roi est d'une couleur crue et dure. Le cheval est bizarrement tortillé, mal dessiné, et le tout n'a aucune harmonie.

Nº. 447, par le même.

Portrait en pied du maréchal duc de Bellune.

Avec quel plaisir je reconnois ici M. Gros ! Ce tableau est aussi bien que le précédent est mal.

Nº. 448, par le même.

Portrait en pied de Mad. la comtesse de Lasalle.

Ce portrait est bien peint, couleur digne de Rubens ; mais la figure est posée sans grace. Ce portrait eût gagné à être traité par M. Gérard.

Nº. 449, par le même.

Portrait en pied du baron de l'Empire, général Fournier.

Il est représenté au moment où, attaqué dans Lugo par l'armée de la Romana et les insurgés de la Galice, il renvoie le parlementaire qui étoit venu lui apporter la sommation de se rendre, et conserve la place.

Ce portrait est le meilleur de tous ceux exposés par M. Gros ; mais il est trop maniéré pour la pose.

Nº. 454, par M. Guérin (Paulin).

Caïn, après le meurtre d'Abel.

Caïn fugitif, suivi de sa femme et de ses enfans, se trouve arrêté au bord d'un précipice. Le tonnerre, qui éclate au-dessus de sa tête, le remplit d'épouvante et réveille ses remords. Satan, qui l'a poussé au fratricide, s'attache à ses pas sous la forme d'un serpent. La massue ensanglantée rappelle son crime, et ses enfans pleurent dans les bras de leur mère, qui s'évanouit de fatigue et de douleur en implorant la clémence divine.

Ce sujet est conçu d'une manière bizarre, mais bien exécuté et bien dessiné. La couleur est bonne, si l'on en excepte les fonds qui représentent plutôt un incendie qu'un orage. La tête de Caïn est aussi d'un style bas.

No. 467, par M. Guyot.

Un cadre de Dessins, représentant des Vues de la grande Chartreuse.

Dessin charmant...., peut-être un peu dur.

No. 469, par M. Heim.

Arrivée de Jacob en Mésopotamie.

Tableau original, mais noir et sans entente de clair-obscur. Néanmoins cet ouvrage soutient les espérances que l'auteur a fait concevoir.

No. 485, par M. Hue père.

Le Naufrage de Virginie.

Quoi? toujours la même chose! soleil couchant, soleil levant. Mauvaise imitation de Claude le Lorrain.

No. 500, par M. Isabey.

Collection des Portraits, d'après nature, de la famille impériale d'Autriche.

Cette série est exécutée avec le charme qui est répandu dans tous les ouvrages de cet auteur.

2 *

N⁰. 5o5 , par Madᵉ. Jaquotot.

Un cadre renfermant la Madone de Foligno ; la Vierge et l'Enfant-Jésus , d'après Raphaël.

Je pensois qu'on ne pouvoit exposer des copies. Nous ne connoissons de cette dame que cela seul , et nous ne nous connoissons point d'ailleurs en fayence.

N⁰. 5₁7 , par M. Kobel.

Des Bœufs dans une prairie.

Tableau dans le genre de Paul Potter. J'oserai dire que l'imitateur a passé son modèle.

N⁰. 5₂8 , par M. Landi.

Vénus , aidée des amours , s'oppose au départ de Mars pour la guerre.

Ce tableau est commandé par M. de Sommariva.

Ah ! ah ! la plaisante collection de sacs remplis de paille d'avoine , surmontés de têtes de poupées. Le tout est sans couleur et composé de la manière la plus niaise.

Que je plains l'amateur qui en fait l'acquisition !

N⁰. 53₁ et suite , par M. Laurent (J. A.).

S. M. l'Empereur paroissant à un balcon.

Jolies petites miniatures à l'huile. Ces tableaux sont faits pour plaire aux dames-amateurs.

No. 546, par M. Lecomte (Hypolite).

Reddition de Mantoue.

La garnison autrichienne sort prisonnière de guerre, après avoir déposé les armes sur les glacis.

Pourquoi donner constamment des tableaux à faire à ce peintre ? où les met-on ? je n'en ai vus nulle part. Il ne sait pas dessiner, sa couleur est crue ; il a une exécution détestable. Je n'ai vu de lui que quelques paysages passables.

No. 561, par M. Legros-d'Anizy.

Portrait en pied de M. le major L..., sur porcelaine.

Figure trop longue, dessin incorrect, couleur fade, exécution molle.

Ces reproches, qui ne tombent que sur le tableau, ne peuvent blesser l'auteur. Ses productions ne sont que des enfans adoptifs qu'il tient d'héritage.

No. 563, par M. Lemier aîné.

La Charité romaine.

Cimon ayant été condamné à Rome, pour quelques crimes, à mourir de faim, fut nourri dans la prison par sa fille, qui venoit lui donner à tetter, et lui sauva la vie par ce moyen. Les juges étant informés de cette action, firent grace au père en faveur de la fille. Dans le lieu où étoit la prison, on éleva un temple que l'on consacra à la Piété. (Tiré de Festus.)

Sujet trop rebattu. Le titre est faux ; pour masquer le trait, l'auteur a dédaigné de dire, *Piété filiale*. On a pris, pour rendre Cimon, modèle sur un crocheteur bien maigre. Ce tableau, d'un style bizarre, est une vraie croûte.

N°. 576, par Mlle. Lescot.

Le Baisement de Pieds dans la Basilique de Saint-Pierre à Rome.

Il a lieu le jour de la fête et les deux jours suivans, pendant lesquels la statue de l'Apôtre, en bronze, est revêtue des ornemens pontificaux.

Tableau charmant, d'une exécution excellente. L'auteur doit seulement prendre garde à ses demi-teintes qui sont un peu rousses. Malgré ce défaut, cette dame est la première de son sexe comme peintre.

N^r. 583, par M. Le Thiers.

Brutus condamnant ses fils à mort.

Tableau le plus remarquable du Salon dans le genre historique.

La couleur ne seroit pas convenable pour tout autre sujet, attendu qu'elle est sombre et triste. Il y a peu de lumière. Le style n'a pas de noblesse et le dessin est incorrect; mais malgré ces défauts ce tableau fera toujours honneur à l'Ecole française et assure la réputation de l'auteur qui, jusqu'à ce jour, a peu produit de ses ouvrages en public.

N°. 591, par M. Lordon.

Agar renvoyée par Abraham.

Ce tableau est bien fait et d'une bonne couleur : cependant la tête d'Abraham porte un caractère trop efféminé.

N°. 595, par M. Lorimier (Etienne).

Vue du Temple de Diane, dans les jardins de la Villa-Borghèse.

Appartenant à S. A. I. la Princesse Borghèse.

L'auteur a joui d'une réputation... comment l'a-t-il méritée...? ses tableaux sont tellement au-dessous du bon, que l'on ne peut dire quel est le plus mauvais de la couleur ou de l'exécution.

N°. 602, par M. Mallet.

Les deux Jumeaux.

M. Mallet ne perd rien de son talent : toujours même grâce, même fraîcheur. Que ne suis je le père de ces deux aimables enfans !

N°. 608 , par M. Marlay.

Raphaël dans son attelier.

Il montre au Pape Léon X, entouré de sa Cour, le tableau de la Sainte-Famille à François premier. L'on remarque dans cette composition les portraits de plusieurs grands peintres, hommes-de-lettres et autres personnages illustres de ce temps.

Ce tableau n'est pas sans mérite , mais il est froid et d'une couleur lourde.

N°. 616 , par M. Martinet.

Cadre de dessins des Fastes françaises et autres.

Bien composé , l'exécution en est facile, mais ses dessins sont mal proprement exécutées.

N . 627 , par M. Mauzaisse.

L'Arabe pleurant son Coursier.

Un chant élégi~ ~ de M. Millevoye a fourni le sujet de ce tableau. Le peintre a voulu reproduire l'intention exprimée dans les vers suivans :

Ce noble ami , plus léger que les vents ,
Il dort couché sur les sables mouvants.
Du meurtrier j'ai puni l'insolence ;
Sa tête horrible aussitôt a roulé :
J'ai dans son sang désaltéré ma lance ,
Et sous mes pieds j'ai l'ai long-tems foulé.
Puis contemplant mon coursier sans haleine
Morne et pensif, je l'appellai trois fois ;
Hélas ! envain ; il fut sourd à ma voix ;
Et j'élevai sa tombe dans la plaine.

Début de l'auteur. Il nous donne l'espoir de voir naître un talent de plus. Cependant le cheval est mauvais et trop petit pour l'homme ; nous l'engageons à choisir désormais un sujet plus agréable et plus digne d'un peintre d'histoire.

Nº. 639 , par M. Menjaud.

Fénélon rendant la liberté à une famille protestante, détenue long-tems pour cause de religion.

Sujet intéressant et bien rendu. Mais l'artiste a-t-il tiré tout le parti qu'il pouvoit de ce vieillard aveugle que son imagination lui a fait placer si heureusement ? Les mains de tous ses personnages sont trop maigres. Les draperies sont d'un style commun. M. Menjaud est du nombre de ces artistes estimables auxquels on peut et on doit dire la vérité.

N°. 640 , par le même.

Racine lisant à Louis XIV les Vies des Hommes illustres de Plutarque.

N°. 641 , par le même.

Un marchand de salades s'introduit dans une cuisine, et profite du sommeil de la cuisinière pour voler un verre de vin.

Ces deux tableaux offrent un effet et une exécution très-agréables. La tête de Racine est pleine de génie. On sait que ce grand homme et aussi grand courtisan lisoit souvent au Roi la traduction d'Amiot, et qu'il substituoit des tours de phrase nouveaux à ceux qui avoient vieilli. M. Menjaud a bien senti et bien rendu l'air réfléchi que ce travail lui donnoit.

Dans le deuxième tableau, la figure du marchand de salades est à remarquer pour sa forme, son expression et sa couleur, qui sont d'une grande vérité.

N°. 645 , par M. Meynier.

Rentrée de l'Empereur dans l'île de Lobau, après la bataille d'Esling, le 22 Mai 1809.

L'Empereur, après avoir passé le Danube, trouve sur le bord de ce fleuve un groupe de soldats dont on faisoit le pansement. Ils en étoient inquiets, l'ayant perdu de vue ; aussitôt qu'ils l'apperçoivent ils s'échappent des mains des chirurgiens, oublient tout-à-coup leurs blessures, et transportés de joie, ils l'appellent leur père, leur ange tutélaire, leur vengeur. Ce tableau est destiné à décorer une salle du Sénat-conservateur.

Ce tableau est composé avec un talent supérieur.

Il est rempli de mouvement et d'expression. Il est exécuté avec facilité et d'une manière large. On ne peut lui reprocher que de manquer de lumière, et d'être un peu trop maniéré sous le rapport du dessin.

Nº. 646, par le même.

Dédicace de l'église de Saint-Denis, en présence de l'Empereur Charlemagne.

L'Empereur assis sur un trône d'or, dans le sanctuaire de cette église, est accompagné des principaux officiers et dignitaires de la Couronne, portant les marques distinctives de la dignité impériale. L'abbé de Fueral fait la cérémonie de la dédicace de la manière déjà usitée alors, c'est-à-dire, par la bénédiction et l'onction de la croix sur les principales colonnes de l'église, avec les huiles saintes. Ce tableau, un des dix commandés par son Ex. le Ministre de l'intérieur, est destiné à décorer la sacristie de l'église de Saint-Denis.

Nommer M. Meynier, c'est en faire l'éloge.

Nº. 649, par M. Michel (Georges).

Plusieurs Paysages, même numéro.

Cet artiste a beaucoup promis, mais peu tenu.

Nº. 658, par Madme. Monges.

Persée et Andromède.

Cassiopée, reine d'Ethiopie, mère d'Andromède, ayant eu la témérité de se croire plus belle que les Néréides, Neptune voulut venger les nymphes de son Empire, et envoya un monstre qui dévoroit les Ethiopiens. L'oracle de Jupiter-Ammon dit que le seul moyen d'appaiser Neptune étoit de livrer Andromède à la voracité du monstre. Il étoit près de la déchirer, lorsque Persée, protégé par Mercure, qui lui avoit donné ses aîles et ses talonnières, tua le monstre et brisa les chaînes de la princesse qui devint son épouse.

Belle couleur ; composition froide et généralement mauvaise. Ses personnages sont toujours longs. Mad. Monges aime à les tirer à la filière.

Nº. 659, par M. Mongin.

Passage de l'armée de réserve dans les défilés d'Al-baréde, près du fort de Bar.

Parvenue sur le sommet des Alpes, S. M. l'Empereur examine de quelle manière elle doit attaquer le fort, avec une batterie de canons enlevés à l'ennemi. Au pied des montagnes, et sur le bord de la Doire, l'armée défile, tandis que des canonniers empaillent les roues d'un obusier. Des sapeurs, des soldats de la Garde et de différentes armes, sont assis près d'une vivandière, qui leur distribue des rafraîchissemens. Ce Tableau est ordonné pour le palais du Grand-Trianon.

Nº. 663, par M. Monsiau.

Couronnement de Marie de Médicis.

Cette reine est accompagnée à l'autel par le Dauphin son fils, et par Madame sa fille. Elle reçoit la couronne des mains du cardinal de Joyeuse, qui est assisté dans cette cérémonie par les cardinaux Duperron, de Gondi, de Sourdis, et de plusieurs évêques. Le duc de Ven-dôme, et le chevalier du même nom, portent l'un le sceptre, et l'autre la main de justice. La princesse de Conti et la duchesse de Mercœur, ayant leurs couronnes de duchesse, portent la queue du manteau de la Reine, qui est accompagnée de plusieurs autres princesses, par-mi lesquelles est la reine Marguerite de Valois; Henri IV avec quelques-uns de ses officiers, placé dans une tribune, assiste à cette auguste cérémonie, qui eut lieu à Saint-Denis le jeudi 13 mai 1610.

Tableau très-beau, répondant à la réputation de son auteur.

No. 669, par M. Mulard.

Reprise de Dégo.

L'Empereur rencontre le général Causse, qui venoit d'être blessé mortellement.

Ce tableau ne vaut pas celui du même auteur, exposé en l'an 1810.

No. 688, par M. Ommeganck.

Plusieurs tableaux représentant des Paysages et Animaux.

Charmant peintre. Ce tableau est d'une couleur et d'une exécution délicieuses.

No. 689, par le même.

L'intérieur d'une Etable avec des Animaux.

Ce tableau est trop vague d'exécution.

No. 692, par M. Pajou.

Clémence de S. M. l'Empereur et Roi, envers M. de Saint-Simon.

Hélas ! j'en suis fâché pour le père ; son fils dessine mal et n'exécute pas mieux.

N°. 751 , par M. Poncé-Camus.

Entrevue de S. M. l'Empereur et de S. A. R. le prince Charles.

Le 26 décembre 1805 , à l'époque de la paix de Presbourg, le prince Charles avoit demandé avec instance à voir S. M. l'Empereur Napoléon. Le lendemain au soir, ils eurent une entrevue dans une petite maison de chasse à Stamersderff, et Sa Majesté voulant laisser à S. A. R. un témoignage de son affection particulière, lui donna son épée.

Ce tableau est lourdement dessiné et tristement colorié : ici on retrouve les mêmes défauts que dans le sujet mis au Salon précédent. Ses personnages sont de grandes poupées à ressort.

N°. 742 , par M. Prud'hon.

Vénus et Adonis.

Pour tout autre que M. Prud'hon ce tableau seroit passable ; mais son talent nous force à exiger beaucoup. Nous sommes obligés de lui dire qu'il a fait un pas rétrograde. Ici mauvais dessin ; les figures sont trop longues, mal posées, et la couleur rose et violette qui est répandue dans ce tableau est fausse et désagréable. M. Prud'hon, quittez ce genre, ou vous deviendrez dangereux pour l'Ecole.

N°. 743 , par le même.

Portrait de S. M. le Roi de Rome.

Sujet intéressant, d'une meilleure couleur que le premier.

N°. 751 , par M. Quinier.

Paysage historique.

Tancrede, secouru par Herminie et Vafrin, après avoir tué Argant, se trouve lui-même dangereusement blessé.

Holà ! ha ! le plus mauvais tableau de l'exposition.

N°. 762 , par M. Revoil.

Le Tournois.

Le sire Renaud , et le sieur de Léon , à la tête de la noblesse bretonne, sont venus frapper un tournois à Rennes ; les joûtes à la lance courtoise ont succédé à ce combat à la foule. Un jeune fils de preux entre en lice, et y triomphe de quatorze chevaliers ; tous désirent apprendre son nom. Renaud veut tenter de le vaincre ; mais il baisse humblement sa lance devant lui. Alors un chevalier de Normandie , habile à faire sauter les haumes, est envoyé contre cet inconnu. Vains efforts. Le normand succombe. Un hérault, assisté de deux poursuivans d'armes, accourt pour relever le vaincu, au moment où il est assez heureux pour frapper son adversaire au front, et lui soulève la visière. Le hérault d'armes, qui reconnoît le fils de Renaud son maître, élève la main, et proclame le nom de Bertrand-Duguesclin. Renaud, que la curiosité vient d'attirer sur les échaffauds, témoigne sa surprise et sa joie. Le hérault de Léon sonne la victoire de Bertrand, tandis que les deux poursuivans rassemblent les tronçons des lances, et en délivrent de neuves. Dans le fond, au centre, la loge des quatre juges, Rohan , St.-Pern , Châtel-Brian et Beaumanoir. L'un d'eux montre le prix de la joûte, qui est un cygne d'argent : à droite et à gauche, les loges des dames, ornées des écus offerts par les vainqueurs. La duchesse de Bretagne occupe le milieu de celle de gauche ; la troupe des combattans paroît au bas d'une cathédrale. Au premier plan est la principale entrée du champ clos, gardée

par un soldat. Deux mâts portent les écus des chevaliers
tenans, ainsi que les bannières du tournois, sur lesquelles
on lit en vieux langage : « A biaux faicts, biaux los.
A belles actions, belles louanges. »

M. Revoil se trouve ici au-dessous de lui-même,
d'après l'exposition de 1810. Il y a cependant de
jolies choses dans ce tableau. Les détails en sont
finis, mais l'ensemble est un peu gris et sans effet.
Les chevaux sont lourds et manquent de souplesse.
L'attitude des deux chevaliers n'a rien du caractère
chevaleresque. La tête du fils de Renaud est com-
mune.

N°. 778, par M. Robert Le Fevre.

Phocion.

Phocion, citoyen vertueux, homme d'Etat, grand
capitaine, après avoir, pendant plus de quarante an-
nées, rendu de signalés services à sa patrie, fut injuste-
ment accusé d'avoir voulu la trahir. Il fut traîné en prison et condamné à mort. Au moment où l'exécuteur
venoit de lui donner le fatal breuvage, un de ses amis
qui l'avoit suivi dans la prison, lui demande s'il n'avoit
rien à mander à son fils. Oui, certes, dit-il, j'ai quelque
chose de très-important à lui recommander : c'est qu'il ne
cherche point à venger ma mort, et qu'il perde le sou-
venir de l'injustice des Athéniens envers moi.

Phocion a l'air d'un gros marchand de draps de la
rue St.-Denis, causant niaisement avec un de ses
garçons de boutique. M. Robert Le Febre, vous êtes
sorti de votre genre ; si vous avez recueilli les juge-
mens que l'on porte sur votre ouvrage, vous retour-
nerez, je crois, à vos *moutons*, c'est-à-dire à vos
portraits, dont je ne puis dire que du bien. Sou-
venez-vous qu'il vaut mieux être le premier dans une
bicoque que le dernier dans Rome.

Nᵒ. 794, par M. Robert (Jean-François).

Vue de la côte de Bellevue, prise de la lanterne de
Démosthène, dans le parc de Saint-Cloud.

Tableau fait avec peine et prétention. Il y règne
un bon sentiment de couleur, mais l'exécution en
est mesquine, comptée et sèche. Les yeux de cet
artiste sont comme des loupes qui grossissent tous
les objets, et s'il faisoit une tête, il compteroit à
coup sûr les poils de sa barbe. Ses fonds sont trop
entiers de tons épinglés. S'il n'a que 30 ans, il laisse
encore de l'espérance.

Nᵒ. 800, par M. Roehn.

Prise de Lérida par l'armée de Catalogne, sous les
ordres du maréchal duc d'Albufera.

Le 13 mai au soir 1810, le général en chef fait donner l'assaut aux deux brèches du bastion du Carmène.
On pénètre dans la grande rue et dans l'ouvrage à cor-
nes, malgré le feu des pièces placées sur le pont ; on
force les barrières, on s'introduit dans la ville, et on
chasse la garnison et les habitans, qui se réfugient dans
le château. On apperçoit sur le premier plan le maréchal
Suchet, entouré de son état-major, qu'il entraîne avec
lui pour se joindre aux braves qui ont déjà franchi les
premiers bastions de la ville. A droite et à gauche du
tableau, on voit des batteries de canons et de mortiers
qui cessent leur feu après l'avoir dirigé sur la ville. Ce
tableau appartient à S. E. le maréchal duc d'Albufera.

Voici encore un artiste qui est au-dessous de lui-
même ; il a peut-être prévu qu'il n'auroit pour com-
pagnie que de mauvais tableaux et qu'il n'auroit pas
de peine à les surpasser ; il a composé le sien froide-
ment ; c'est une procession sans mouvement ; et
malgré cela c'est encore un des meilleurs de cette

malheureuse suite de tableaux pour le Grand-Trianon. Dans le N°. 800 on retrouve l'homme de talent, et il est aussi bien que l'autre est mauvais ; ses autres tableaux sont remplis de mérite.

N°. 823, par M. Saint.

Portrait de S. Ex. le Ministre de l'intérieur. Miniature.

Très-bien. Cet artiste a fait de très-grands progrès. Il est aujourd'hui un de nos meilleurs peintres dans ce genre.

N°. 843, par M. Serangeli.

Pyrrhus, après avoir tué Priam, enlève Polyxène pour la sacrifier sur la tombe d'Achille.

Couleur terreuse, sans dégradation aérienne. Exécution lourde.

N°. 860, par M. Steube (Charles).

Pierre-le-Grand.

Séparé de sa suite, traversant le lac Ladoga dans un bateau, ce prince fut surpris par une tempête très-violente. Au milieu du danger le plus imminent, voyant les pêcheurs effrayés, il saisit le gouvernail, et leur dit : « Vous ne périrez pas, Pierre est avec vous. » *Extrait des anecdotes de la vie de Pierre-le-Grand.*

Ce tableau est bien peint ; il a de l'énergie, mais il est et gigantesque et maniéré. Les figures sont trop grandes et la barque trop petite.

No. 865, par M. Swebach *dit* Fontaines.

Rendez-vous de Chasse.

On est étonné que cet artiste, connu avantageusement depuis 20 ans dans un genre qui est à l'ordre du jour, ne soit pas employé. J'ai même appris avec peine que son *Passage du Danube*, exposé en l'an 1810, lui appartenoit encore, et qu'on lui avoit préféré celui de M. Hue, qui ne lui étoit comparable sous aucun rapport.

Les tableaux qu'il a exposés cette année, sous les Nos. 865 à 876, mettent le sceau à sa réputation.

No. 876, par M. Tahan.

Saint Lambert, évêque de Maestricht.

Assassiné avec ses diacres à l'autel, par Dodon-d'Avroys, accompagné de ses soldats et de ses satellites. *Vie des Saints.*

Tableau singulier et bizarre. On ne peut même y louer une main.

No. 878, par M. Tardieu (Charles).

Halte de l'armée française à Syène en Egypte.

Sujet tiré du voyage dans la Haute-Egypte. Le second jour de notre établissement, il y avoit déjà dans les murs de Syène des tailleurs, des cordonniers, des orfèvres, etc. La station d'une armée offre le tableau du développement le plus rapide des ressources de l'industrie : chaque individu met en œuvre tous ses moyens pour le bien de la société. Mais ce qui caractérise particulièrement une armée française, c'est d'établir le superflu en même tems que le nécessaire ; il y avoit des jardins, des cafés et des jeux publics, avec des cartes faites à Syène. Les gens du pays venoient nous vendre des des vivres et des fleurs, et amenoient leurs enfans pour qu'ils prissent connoissance de l'industrie européenne. Au sortir du village, une allée d'arbres se dirigeoit au nord ; les soldats y mirent une colonne milliaire avec cette inscription : Route de Paris, 12. 1167 milles 34. o. t.

Production dure et crue, assez bien sous le rapport du dessin et de la composition. Tous les habits sont du même bleu et du même rouge. Il n'y a aucune perspective aérienne.

N°. 880 , par M. Taunay.

Passage de la Guadarama.

Cet artiste s'est surpassé, et a quitté la couleur carbonisée qu'il avoit répandue dans ses tableaux de l'an 1810.

N°. 881 , par le même.

Combat à la bayonnette, à Cassario, près Millésimo.

Ce tableau et le précédent sont les meilleurs de ceux commandés pour Trianon.

M. Topfer.

N°. 896. *Le Rétablissement du Culte.*

N°. 897. *L'Ermite du Valais.*

Ces tableaux sont charmans. Cet artiste, exposant pour la première fois, nous prépare de nouvelles jouissances pour l'avenir ; on doit regretter de les voir si mal placés.

Nº. 905, par M. Turpin de Crissé.

Vue prise à Florence , sur le vieux pont.

Figures aimables ; bonne couleur ; site bien choisi. Il doit bien se garder de tomber dans le petit, à force de vouloir trop *finir.*

Nº. 909, par M. Vafflard.

Le Voyageur.

Un jeune homme arrêté devant un tombeau détruit. L'épitaphe du tombeau est :

Sta , viator ; heroem calcas.
Arrête , voyageur ; tu foules un héros.

Toujours sombre et mélancolique dans le choix de ses sujets ; cet artiste ne tire pas tout le parti qu'il pourroit de son talent.

Nº. 913, par M. Vallin.

Paysage.

Des voyageurs lisent l'inscription gravée sur le tombeau des Spartiates , dans le défilé des Thermopyles.

Cet artiste est toujours maniéré.

Nº. 916, par M. Van Dael.

Tableau de Fleurs et Fruits.

Le plus beau tableau de ce genre.

Nº. 943, par M. Vermay.

La Découverte du Droit romain.

A la prise d'Amalfi, dans la Pouille, au milieu des scènes d'horreur que présente une ville livrée au pillage , l'empereur Lothaire II apperçoit un soldat qui , à l'aide de son épée , déchire la riche couverture d'un manuscrit ; il jette les yeux sur le texte, et découvrant les Pandectes de Justinien, il écarte vivement le barbare du livre précieux qui alloit être à jamais perdu. L'empereur en fit don aux Pisans , en récompense des services qu'ils lui avoient rendus dans cette guerre , et ordonna que les loix romaines seroient désormais les loix de l'Empire.

L'effet de ce tableau est piquant, mais la teinte est trop grêle, le dessin incorrect. La figure de Lothaire n'a pas de noblesse.

N°. 944, par le même.

Diane de Poitiers.

Ce tableau est meilleur que le précédent. L'effet est bien entendu , l'exécution plus correcte. Cependant les figures sont d'une stature trop grêle , et manquent toutes de derrière de tête.

N°. 946, par M. Vernet (Carle).

Une calèche sortant d'un parc pour aller à la promenade.

Charmant dessin.

N°. 947, par le même.

Tableau qui est lourd, sans lumière.

N°. 951, par M. Vernet (Carle).

La Prise du camp retranché de Glatz, en Silésie, par l'armée combinée des Bavarois et des Wurtembergeois , sous les ordres S. M. le Roi de Westphalie.

Le tableau de ce jeune artiste annonce un meil-

leur sentiment de couleur que celui de son père ;
mais il est loin de l'égaler dans les autres parties.

No. 958, par M. Veron-Bellecourt.

*L'Empereur visitant l'Infirmerie des Invalides, le
11 février 1808.*

Nous avons beaucoup d'enseignes à Paris, qui
valent mieux que ce tableau.

No. 962, par M. Vignaud.

Mort de Le Sueur, peintre.

Cet artiste célèbre étant toujours persécuté, ne trouva
la tranquillité que chez les Chartreux, où il avoit peint
la vie de S. Bruno. Il ne jouit pas long-tems de cette
tranquillité ; il tomba malade, et mourut dans les bras
des moines, à l'âge de 38 ans. Le militaire appuyé sur
la table, est un de ses frères, officier distingué, assis-
tant à ses derniers momens.

Ce tableau est bien ; on souhaiteroit que les figures des moines fussent moins enfantines.

No. 974, par M. Watelet.

*Arrivée de S. M. l'Empereur et Roi au château de
Luisbourg, où elle est reçue par le Roi de Wir-
temberg.*

Encore un mauvais tableau pour Trianon ! M. Wa-
telet auroit dû, pour diminuer les reproches qu'on
pourroit lui faire, mettre dans le catalogue le nom

du peintre des figures. Il a bien fait d'exposer le N°. 976 ; on y retrouve le talent de l'auteur.

N°. 1314, par M. Girodet-Trioson.

Etude de Vierge.

Je suis fâché que cet illustre artiste s'abaisse à faire des imitations, et surtout qu'il ait copié jusqu'aux fautes de Restennes. Les ombres de ses chairs sont ternes et noires. Les lumières sont jaunes et livides, et le sang ne circule pas dans cette tête.

FIN DE LA PEINTURE.

SCULPTURE.

No. 1024, par M. Callamard.

Hyacinthe blessé. Statue en marbre exécuté pour S. M. l'Empereur.

Cette figure est bien ; la tête a peu de caractère.

No. 1043, par M. Corneille (feu Barthélemi).

Statue de l'adjudant-commandant Dalton, frappé d'un coup mortel au passage du Mincio, en l'an 9.

C'est une belle académie ; mais rien ne nous dit que c'est le général Dalton. La postérité pourra voir ou Hector, ou Achille, parce que les accessoires sont grecs. Ajoutez encore l'indécence du nu que l'art n'a pas su voiler.

No. 1052, par M. Deseine.

Statue en marbre de feu S. Ex. le Ministre des cultes Portalis, ordonnée par S. M. l'Empereur.

Cette statue est belle. Le costume français est bien manié ; mais les dessous, ou le nu, sont mal sentis et mal dessinés.

No. 1065, par M. Dupasquier (A. L.).

Le général de division Hervo.

Cette statue est destinée à être exécutée dans la proportion de quatre mètres, pour le pont de la Concorde.

Cette figure est un peu mesquine.

N°. 1074, par M. Espercieux.

Ulysse reconnu par son chien.

Belle figure sous tous les rapports.

N°. 1082, par M. Foucon.

Hébé.

Figure trop longue et maniérée.

N°. 1086, par M. Gois.

Philoctète abandonné dans l'île de Lemnos.

Figure maniérée et lâche de contours.

N°. 1089, par M. Houdon.

Statues en marbre du général Joubert, et de Voltaire.

Ces figures se ressentent de l'âge de son estimable auteur. Il est même étonnant qu'elles soient encore aussi bien.

N°. 1124, par M. Milhomme.

Le général Hoche, mort à l'armée du Rhin-et-Moselle.

Très-belle figure, moins indécente que celle du général Dalton ; mais toujours pourtant l'oubli du siècle où le héros a vécu.

No. 1139, par M. Roland.

Homère.

Homère, le père de la poésie, florissoit environ 300 ans après la prise de Troie, et 980 ans avant J. C. Sept villes se disputèrent l'honneur de lui avoir donné naissance, Smyrne, Rhodes, Colophon, Salamine, Chio, Argos et Athènes. Aveugle, il parcouroit les villes de la Grèce en chantant ses poëmes, et les peuples lui apportoient des couronnes de laurier.

Superbe figure. M. Roland est un des premiers artistes dans ce genre.

F I N.

De l'imprimerie de Duhansy.

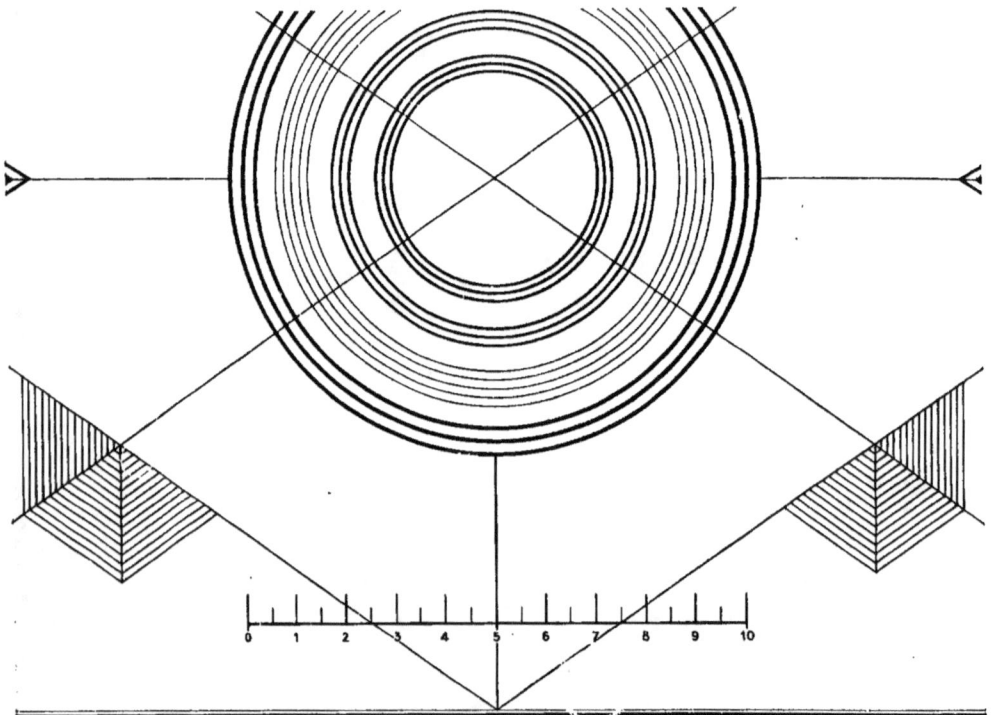

SERVICE PHOTOGRAPHIQUE

www.ingramcontent.com/pod-product-compliance
Lightning Source LLC
LaVergne TN
LVHW020053090426
835510LV00040B/1685